Raghupathi Babu

Avaliação varietal da dália decorativa média (Dahlia Variabilis L.)

Raghupathi Babu

Avaliação varietal da dália decorativa média (Dahlia Variabilis L.)

Avaliação varietal, Dália decorativa média, Planícies subtropicais de Bengala Ocidental

ScienciaScripts

Cover image: www.ingimage.com

This book is a translation from the original published under ISBN 978-620-2-01345-1.

Publisher:
Sciencia Scripts
is a trademark of
Dodo Books Indian Ocean Ltd. and OmniScriptum S.R.L publishing group

120 High Road, East Finchley, London, N2 9ED, United Kingdom
Str. Armeneasca 28/1, office 1, Chisinau MD-2012, Republic of Moldova, Europe
Printed at: see last page
ISBN: 978-620-7-67629-3

ÍNDICE

PREFÁCIO 2
LISTA DE ABREVIATURAS 4
CAPÍTULO I 5
CAPÍTULO II 8
CAPÍTULO III 19
CAPÍTULO IV 34
CAPÍTULO V 46
CAPÍTULO VI 48
CAPÍTULO VII 49
REFERÊNCIAS 49

PREFÁCIO

Este livro trata do estudo da "Avaliação varietal da dália decorativa média (*Dahlia Variabilis L.*) nas planícies subtropicais de Bengala Ocidental". O presente estudo diz respeito a uma zona específica, ou seja, as planícies subtropicais de Bengala Ocidental. Os resultados só serão aplicáveis às zonas que apresentem uma situação semelhante à da zona em estudo.

A dália é conhecida como o rei das flores e é uma das plantas com flor mais populares cultivadas em Bengala Ocidental, principalmente durante o inverno. A dália é apreciada pelas suas flores espectaculares e atraentes, de cores variadas, e é cultivada principalmente para fins paisagísticos, exibição em jardins, cultura em vasos, exposições, decoração de casas, canteiros e bordaduras, arranjos florais, flores de corte e flores soltas. Por conseguinte, é muito necessário recolher e avaliar todos os genótipos disponíveis, a fim de selecionar genótipos adequados e de elevado rendimento.

Uma vez que o desempenho de qualquer cultura depende das condições climáticas da região onde é cultivada, o presente estudo foi realizado com o objetivo de avaliar 15 cultivares de dália decorativa média para explorar a sua aptidão como flor de corte e para exposição em jardins, em termos de qualidade da flor e duração da floração. Tendo em conta a aptidão da cultura para a flor de corte e para a decoração de jardins, devido à sua forma e cor variadas, foi organizada uma experiência com os seguintes objectivos Estudar o desempenho das cultivares de dália nas planícies subtropicais de Bengala Ocidental e também avaliar a adequação das cultivares como flores de corte, tendo em conta a sua vida útil em vaso.

Em primeiro lugar, agradeço a **"DEUS"** a boa saúde, a força essencial e o conhecimento que me proporcionou ao longo da minha trajetória educativa.

Madhumita Mitra Sarkar, presidente do meu Comité Consultivo, Professora do Departamento de Floricultura e Arquitetura Paisagística, Bidhan Chandra Krishi Viswavidyalaya, cuja generosidade, orientação e extrema paciência até ao último minuto me ajudaram imenso a concluir com êxito esta tarefa.

O mérito da minha ascensão na carreira académica vai inteiramente para os meus pais, professores e outros membros da minha família, que me iniciaram no belo mundo da aprendizagem e estiveram lá para me ajudar quando mais precisei deles. Aproveito esta oportunidade para expressar a minha sincera gratidão aos meus amigos, seniores e juniores pela sua ajuda.

Quero também expressar os meus sinceros agradecimentos a todos aqueles cujos nomes não foram mencionados individualmente, mas que me ajudaram direta ou indiretamente a atingir este difícil objetivo.

Agradeço especialmente à Lambert Academic Publishing, que se esforçou sinceramente por compilar este livro e apresentá-lo num formato agradável.

Raghupathi B

LISTA DE ABREVIATURAS

%	:	Percentage	FBE	:	Flower Bud Emergence
^0c	:	Degree Celsius	SSP	:	Single Super Phosphate
/	:	Per	MOP	:	Muriate Of Potash
@	:	At the rate of	Max.	:	Maximum
BCKV	:	Bidhan Chandra Krishi Viswavidyalaya	Min.	:	Minimum
CD	:	Critical Difference	mm	:	Millimetre
cm	:	Centimetre	No.	:	Number
cv.	:	Cultivars	N.S.	:	Non significant
RHS	:	Royal Horticultural Society	pH	:	Negative logarithm of hydrogen ion activity
RBD	:	Random Block Design	R.H.	:	Relative humidity
eg.	:	Example gratia	SEm	:	Standard error of mean
et. al.	:	And others	T	:	Treatment
Etc.	:	Etcetera	M	:	Meter
FYM	:	Farm yard manure	Sqcm	:	Square centimetre
Fig	:	Figure	i.e.	:	That is
g	:	Gram	°N	:	Degree North
ha	:	Hectare	R	:	Replication
GDD	:	Growing Degree Days	Contd	;	Continued

CHAPTER I

INTRODUÇÃO

"As flores são ... uma afirmação orgulhosa de que um raio de beleza supera todas as utilidades do mundo."- Ralph Waldo Emerson.

As flores são o coração, a alma e a ornamentação da natureza; é realmente difícil explicar a beleza e a essência da flor, que é adorada por toda a gente, até pelo próprio Deus. As flores estão associadas à humanidade desde os primórdios da civilização. Diz-se que na Índia o homem nasce com flores, vive com flores e, finalmente, morre com flores. As flores são utilizadas para vários fins na nossa vida quotidiana, como o culto, as funções religiosas e sociais, o casamento, a decoração de interiores e o adorno pessoal. As flores transmitem-nos o sentimento de veracidade, simplicidade, pureza e piedade; as flores parecem destinar-se ao consolo do homem comum e da humanidade. Uma dessas flores, que valoriza todas as utilidades do mundo através da sua beleza magnífica, das suas tonalidades e cores variadas, é o orgulho da natureza - **a "Dália"**.

A dália (***Dahlia variabilis L.***) é uma das plantas com flores herbáceas perenes enraizadas tuberosas mais populares, valorizada pelas suas flores espectaculares e atractivas. A planta é cultivada em muitas partes do mundo pelas suas belas flores ornamentais de várias tonalidades de cores para fins paisagísticos e também para fins de exposição, como flores cortadas e como flores soltas. Esta planta herbácea perene, de raiz tuberosa e semi-resistente, pertence à família **Asteraceae.** A dália é originária do México, tendo recebido o seu nome por Cavanilles no ano de 1791, para comemorar o trabalho de um botânico sueco, Dr. Andreas Dahl, aluno de Linneaus (Smith, 1971).

A dália ocupa um lugar de destaque em qualquer jardim, em qualquer lugar. As dálias são fáceis de cultivar, tanto no campo como em vaso, e todos os tipos de dálias são amplamente utilizados em exposições, em jardins e na decoração de casas. Para a exposição e a exposição no jardim, são utilizados todos os tipos de dálias. Os tipos de crescimento anão são adequados para canteiros e bordaduras (bordaduras puras ou mistas), enquanto as dálias de floração grande são adequadas para a cultura em vaso. São muito populares nos jardins de terraço ou nas varandas e as flores de caule longo de várias formas e cores são utilizadas em arranjos florais. Os tipos pompon e miniatura são aceitáveis como flores de corte devido ao seu maior tempo de vida nos vasos.

Entre as doze espécies de dália que se encontram habitualmente nas zonas altas do México, oito espécies, nomeadamente *Dahlia variabilis, D. imperialis, D. exelsa, D. coronata, D. coccinea, D. merkii, D. zuarezii* e *D. rosea,* são geralmente importantes. *Destas* oito espécies, a *D. variabilis* e a *D. rosea* são de importância hortícola, incluindo os tipos vistosos e extravagantes, as flores de anémona, os tipos de cato e semi-cato, a peónia, a decorativa, os tipos bola, fimbriada, nenúfar, tipo estrela e também os progenitores da maioria das cultivares de pompons (Bailey e Bailey, 1977). Certas espécies de dálias têm utilizações medicinais e nutricionais. A informação sobre a natureza e a magnitude da variabilidade no material vegetal existente e a associação entre os vários caracteres é um pré-requisito para a sua melhoria em termos de qualidade e quantidade.

Sendo o rendimento um carácter complexo, é coletivamente influenciado por vários caracteres, que são herdados de forma poligénica e altamente sujeitos a variações ambientais. Assim, para uma seleção eficaz e eficiente de genótipos para a produtividade, é essencial conhecer a direção e a magnitude da associação entre a produtividade e os seus componentes e entre os próprios componentes. Essa associação pode ser conhecida através da estimativa exacta das correlações genotípicas e fenotípicas entre o rendimento e os seus componentes. No entanto, o coeficiente de correlação indica apenas a extensão da associação existente entre um par de caracteres, o que é frequentemente enganador devido à relação existente entre os próprios componentes. Por conseguinte, é muito necessário recolher e avaliar todos os genótipos disponíveis, a fim de selecionar genótipos adequados e de elevado rendimento.

Uma vez que o desempenho de qualquer cultura depende das condições climáticas da região onde é cultivada, o presente estudo foi realizado com o objetivo de avaliar 15 cultivares de dália decorativa média para explorar a sua aptidão como flor de corte e para exposição em jardins, em termos de qualidade da flor e duração da floração. Tendo em conta a aptidão da cultura para a flor de corte e para a decoração de jardins, devido à sua forma e cor variadas, foi organizada uma experiência com os seguintes objectivos Estudar **o desempenho de cultivares de dália nas planícies subtropicais de Bengala Ocidental e também avaliar a adequação das cultivares como flores de corte, tendo em conta a sua vida útil em vaso.**

CHAPTER II

REVISÃO DA LITERATURA

A dália é uma das culturas florais mais importantes das planícies subtropicais de Bengala Ocidental, que tem vindo a ganhar importância devido às suas flores multicoloridas com diferentes formas. A informação sobre a arquitetura genética de vários caracteres quantitativos, em especial os que contribuem para o crescimento, o rendimento e a qualidade, seria muito útil para planear o programa de melhoramento, de modo a efetuar selecções eficazes. São muitos os factores que explicam a variação do rendimento, uma vez que este é muito influenciado pelo ambiente e pelo potencial genotípico de uma planta cultivada. Por conseguinte, o conhecimento do padrão de variação genética permitirá ao obtentor conhecer a magnitude da variação genética disponível para seleção e utilização em programas de melhoramento futuros. Neste capítulo, procedeu-se à revisão da literatura relativa ao desempenho varietal em termos de parâmetros de crescimento, floração, rendimento e qualidade, coeficiente de variação, correlação e análise de trajetória.

2.1 Desempenho varietal

O desempenho das cultivares de dália pode variar consoante o ambiente. A expressão de caracteres como a altura da planta, os dias necessários para a emergência do botão floral a partir da plantação, os dias para a colheita de 75% da fase de floração a partir da emergência do botão floral, os dias para a plena floração a partir da emergência do botão floral, o comprimento do caule, o diâmetro do caule, a área foliar, o peso da flor, o peso do tubérculo, o diâmetro da flor, a vida própria da flor, a vida do vaso.

Dália

Bhattacharyya *et al.* (1976) relataram o desempenho de sessenta e cinco variedades diferentes de dália, indicando que vinte e nove variedades eram mais promissoras nas condições de Calcutá. A altura das plantas variou de 60 cm (Albino) a 160 cm (Annapurna) e o número de dias necessários para o aparecimento do primeiro botão de flor variou de 40 dias (Powder Puff) a 92 dias (Fortiges). O diâmetro da flor variou de 8 cm (Albino) a 29 cm (Master Piece). O número de tubérculos por planta variou de 5 (Super Yellow) a 15 (Terry) e o peso dos tubérculos por planta variou de 116 g (Orfco) a 350 g (Powerful).

Mishra *et al.* (1987) estudaram o desempenho fenotípico de vinte e três variedades de dália e revelaram que as maiores variações foram encontradas em termos de amplitude para altura da planta (72,6 a 148,4 cm), peso da flor (3,6 a 49,0 g), número de flores por planta (12,3 a 147,1), dias para a primeira floração (102,6 a 129,7 dias) e diâmetro da flor (4,6 a 21,8 cm). Da mesma forma, Choudhary (1987) relatou que todos os caracteres mostraram uma gama considerável de variação. A variação máxima foi observada para altura da planta (72,5 a 133,633 cm), número de flores por planta (13,36 a 51,55), diâmetro da flor (4,9 a 22,7 cm) e peso dos tubérculos (191,6 a 1278,3 g).

Joshi *et al.* (1997) testaram o desempenho de vinte cultivares de dália pertencentes a três grupos, A, B e C, incluindo dálias decorativas, do tipo cato e pompom. A Cv. Sel-CBDH-B do grupo do tipo bola apresentou bons resultados e foi considerada a mais promissora e adequada para o cultivo ao ar livre.

O desempenho médio de dezoito genótipos de dália indicou que a cv. Monarch Sport foi precoce, teve flores de tamanho grande com maior duração de colheita ornamental e número médio de flores, enquanto a cv. Gloriosa Samatal produziu um número máximo de flores de tamanho mais pequeno com uma duração média de floração, cv. Kenya White seguida da cv. Kenya Gerua tinha flores grandes com hábito de floração tardia (Mishra *et al.*, 2001).

Dhane e Nimbalkar (2002) estudaram o crescimento e o desempenho da floração para registar a descrição padronizada de algumas cultivares de dália e determinar algumas cultivares de destaque para o cultivo ao ar livre, vinte e cinco cultivares diferentes foram recolhidas de Pune, Maharashtra. cv. Yellow Cactus foi a mais alta (99,22 cm) e cv. A cv. Barbara Marshall apresentou o maior número de serrilhas por folha ou folíolo (33,58). A cv. Purple Gem produziu o pedúnculo floral mais longo (17,78 cm). O diâmetro da flor foi mais largo na cv. Cheroky Beauty (19,11 cm). A cv.

Black Out teve o maior número de florzinhas de raio por flor (135,83). As cultivares Yellow Cactus e Grace produziram o maior número de flores por planta (10,77 flores cada). As flores da Cheroky Beauty tiveram o maior tempo de vida em vaso em água pura (7,86 dias). Das vinte e cinco cultivares avaliadas, treze cultivares (Swami Madhavanand, White Kenya, Bhikkus Mother, Barbara Marshall, Cheroky Beauty, Bhikus Buddha, Bela, Yellow Ball, Dixcy, Yellow White Ball, My Love, Jyotsna e Yellow Cactus) foram as mais promissoras e adequadas para o cultivo ao ar livre.

Syamal e Kumar (2002) relataram que a amplitude de variação foi máxima para a altura da planta (53 a 121 cm), foi baixa no caso do número de ramos (3 a 7). A análise de variância mostrou diferenças altamente significativas entre as cultivares para todos os caracteres em estudo, exceto o número de tubérculos produzidos por planta.

Ahmed *et al.* (2002) realizaram uma experiência de campo para avaliar o desempenho de cinco cultivares híbridas de Dhalia, nomeadamente Siedler Stolz, Mystery day, Hajley Jane, Procyon e Vuurvogel. As cultivares Sielder Stolz, Hajly Jane, Mystery day e Vuurvogel foram superiores em número de ramos por planta, folhas, número de botões, número de flores, vida da flor e peso do tubérculo por planta. Procyon apresentou diferenças não significativas com Hajley Jane para altura da planta, número de dias para brotação, número de plantas por tubérculo e número de tubérculos por cultivar de planta. Resultados não significativos foram obtidos para o número de tubérculos por planta para as cultivares Vuurvogel, Hajley Jane e Procyon. Concluiu-se que, entre elas, Vuurvogel, Siedler Stolz, Mystery day, Hajley Jane e Procyon foram consideradas bem-sucedidas e recomendadas para o cultivo geral.

A maior altura de planta (59,27 cm) foi observada na dália cv. Nandini, seguida por Santasyma (57,27 cm) e S.P. Kamala (55,20 cm), a menor altura de planta (40,08 cm) foi observada em S.P. Glory of India. O número máximo de ramos por planta (7,87) foi encontrado com o híbrido S.P. Glory e seguido por Kenya White (6,93) e S.P. Kamala (6,87), enquanto o número mínimo de ramos por planta (4,13) foi encontrado em Santasyma. Entre os nove híbridos de dália avaliados, o mínimo de dias para o aparecimento do primeiro botão de flor (38,00 dias) foi observado no híbrido Mangalpandey, seguido por S.P. Kamala (48,6 dias), enquanto o máximo de dias para o aparecimento do primeiro botão (61,6 dias) foi observado no Kenya blue e a duração máxima da flor (14,06 dias) foi encontrada no híbrido Eternity sports, seguido por S.P. Glory of India (14 dias) e Kenya white (13,46 dias), enquanto que a duração mínima da floração (10,8 dias) foi observada em Nandini, enquanto que o peso individual da flor foi máximo na variedade Kenya white (107,74 g), seguido de perto por Kenya blue (93,16 g) e Eternity sport (91,79 g), enquanto que o peso mínimo de uma única flor (42,67 g) foi observado em Nandini. Entre os híbridos, o diâmetro máximo da flor totalmente aberta (24,5 cm) foi encontrado no híbrido Kenya blue, seguido pelo Kenya white (23,72 cm) e Eternity sports (23,70 cm), enquanto o diâmetro mínimo da flor totalmente aberta (18,30 cm) foi observado no Nandini. Este facto foi observado por Ajeetkumar *et al.* (2015) quando estudaram híbridos de dália nas condições de Allahabad.

Pasha *et al.* (2015) realizaram uma experiência de campo na área de investigação da floricultura, Instituto de Ciências Hortícolas, Universidade de Agricultura de Faisalabad, Paquistão, para avaliar o desempenho das cultivares de zínia em termos de características morfológicas nas condições agro-climáticas de Faisalabad. Foi observada uma variação significativa de cada cultivar em termos de características morfológicas e de rendimento. A experiência permitiu concluir que, nas condições climáticas de Faisalabad, o desempenho médio da Zinnia double supper yoga 3F_1 Mixed foi bom no que respeita à altura da planta e ao número de flores por planta, ao passo que, no que respeita ao número de ramos e ao número de folhas por planta, a Zinnia F_1 swizzle bicolor (cherry + Ivory) ocupou a primeira posição.

Crisântemo

Cheizhian *et al.* (1985a) avaliaram o desempenho de vinte e sete cultivares de crisântemo durante dois anos em condições de vaso. A altura das plantas variou de 6,15 cm a 33,55 cm no primeiro ano e de 8,15 cm a 21,55 cm e de 6,00 cm a 21,55 cm durante o primeiro e o segundo ano, respetivamente. A variedade Sharad Shobha foi a mais precoce a florescer em ambas as estações.

Cheizhian *et al.* (1985b) avaliaram inicialmente setenta e três cultivares de crisântemo quanto à produção de flores. Sete delas foram submetidas a um ensaio de rendimento comparativo. Compararam várias cultivares locais e a nova cv. CO-1, que começou a florir mais cedo, entre 15 a 20 dias. A média de dois anos de produção da cv. CO-1 foi de 16,7 toneladas por hectare, em comparação com 9,28 a 16,00 toneladas por hectare.

Rajashekaran *et al.* (1985) avaliaram trinta e três cultivares de crisântemo e descobriram que a cv. MDU -1 floresceu tardiamente (140 dias) em comparação com a local (120 dias), as plantas desta variedade tinham uma altura média (42,60 cm); produziu uma média de 92 flores por planta e o diâmetro da flor foi de 3,90 cm. Produziu o maior rendimento (30,59 t/ha) em comparação com o controlo local, que teve o menor rendimento de 26,44 toneladas por hectare.

Wilfert (1985) também avaliou quarenta cultivares de crisântemo cultivadas em vasos (6" de diâmetro) sob casa de sombra revestida de polipropileno e observou que as melhores cultivares eram Echo e Surf (branco); Pert e Sunlight (amarelo); Cirbronzyl e Fireband (laranja); Cirus (rosa); Exel e Fascination (rosa/lavanda) e Spark e Spotlight (vermelho).

Negi *et al.* (1988) avaliaram doze variedades de crisântemo juntamente com três variedades locais durante três anos nas condições de Bangalore. Todas as variedades apresentaram diferenças significativas para todos os caracteres vegetativos e florais. A variedade Indira foi a mais precoce a florescer (107,97 dias), seguida pela IIHR-Sel-5 (114,18 dias), enquanto a IIHR-Sel-4 foi a mais tardia a florescer (140,52 dias). No grupo de flores vermelhas ou cor-de-rosa, a variedade Red Gold produziu a maior produção de flores (419,22 g/planta), seguida pela IIHR-Sel-5 (363,62 g/planta), sendo boa para a produção de flores soltas. No grupo de flores de cor branca, a IIHR Sel-6 foi a que produziu a maior quantidade de flores.

Kanamadi e Patil (1993) estudaram o desempenho de oito cultivares de crisântemo no sector de transição de Karnataka e descobriram que a cv. Basanthi produziu a altura de planta mais baixa (29,50 cm), enquanto o número máximo de folhas foi observado na cv. Red Gold (168,33) e o mínimo na cv. CO-1 (58.00), a cv. CO-1 produziu o maior número de ramos (20,33%), enquanto a cv. Basanthi produziu o menor número de flores (4,00). Dentre as cultivares avaliadas a cv. Megami produziu o menor peso de flores.

Numa experiência, Altmann e Streitz (1995) avaliaram 11 cultivares de crisântemos e observaram diferenças significativas em termos de crescimento e desenvolvimento entre as cultivares.

Barigidad e Patil (1997) estudaram o desempenho relativo dos quinze genótipos de crisântemo durante a kharif. A var. Indira provou ser a melhor para o número de flores (29,0) e rendimento de flores cortadas (36,04 g/planta). Mas, tendo em conta a preferência do mercado por flores amarelas, a var. Bangalore (31,11 g/planta), seguida da var. Karnool (29,60 g/planta) e da var. Sarval (29,32 g/planta) foram recomendadas para cultivo.

Baskaran *et al.* (2004b) avaliaram o desempenho de cultivares de crisântemo *viz.*, Ravikiran, Chandrika, Yellow Star, Red Gold, Nilima, Kasturi Shaventigae, Cassa, Arka Swarna, Arka Ravi e Button Type Local em condições de campo aberto na UAS Bangalore. A planta mais alta (54,03 cm) foi registada pela cv. Cassa, enquanto a planta mais baixa foi observada na cv. A cv. Red Gold produziu o maior número de ramos por planta (60,33) em comparação com as outras cultivares. O menor número de ramos por planta (25,26) foi observado em Arka Swarna. O número de rebentos por planta foi mais elevado (58,50) na cv. Button type local e o menor (6,03) na cv. Arka Swarna. A duração da floração foi mais longa (51,66 dias) na cv. Yellow Star e a mais curta (23,33 dias) na cv. Chandrika. A alta produtividade foi registada pela Red Gold (365.00 g), Nilima (324.00 g) e Yellow Star (287.00 g). O maior diâmetro de flor (8,14 cm) foi observado na cv. A cv. Button type local registou o maior número de flores por planta (287,00), enquanto que o menor (2,07 cm) foi observado na cv. Cass (37,00). Os resultados indicam que a Red Gold, a Nilima, a Yellow Star e a Ravi Kiran podem ser exploradas comercialmente para diferentes objectivos em Karnataka.

Rajivkumar *et al.* (2007) avaliaram o desempenho de vinte e quatro cultivares de crisântemo do tipo spray. A altura máxima da planta (81,00 cm), a espessura do caule (4,32 cm), o diâmetro da flor (9,24 cm) e o peso fresco da flor (2,44 g) foram registados na cv. Purple Decorative enquanto o máximo de folhas por planta (104,00) foi registado na cv. Decorativa Branca. A cv. Botão Amarelo produziu o número máximo de ramos primários (11,43) e flores (190,50) por planta. No entanto, a cv. Rajkumari produziu o número máximo de ramos secundários (51,00) por planta. A cv. Gulmohar produziu um diâmetro de disco significativamente máximo (1,60 cm). A floração mais precoce de 50% (81,65 dias) foi observada na cv. Harris, enquanto que foi tardia na cv. Red Anemone foi tardia (116,35 dias). O maior número de discos florais (160,00) por flor foi produzido pela cv. Basanti. No entanto, as florzinhas de raio mais longas (3,83 cm) e mais largas (0,73 cm) foram encontradas na cv. Anupam.

Uddin *et al.* (2015) realizaram um estudo para avaliar o crescimento e o desempenho da floração de cultivares de crisântemo. Trinta e duas cultivares de crisântemo codificadas de V_1 a V_{32} foram utilizadas na experiência. A altura da planta, o número de ramos por planta, a área foliar, o número de folhas por ramo, o teor de clorofila, os dias para a iniciação do botão floral, os dias para a abertura da primeira pétala, os dias para a floração final, o número de botões florais por planta, o número de flores por ramo, o número de flores por planta, o diâmetro do botão na fase de iniciação, o diâmetro do botão na fase de maturação, o diâmetro da cabeça da flor, o comprimento do pedúnculo e a durabilidade da flor na planta (dias até 50% de senescência da flor) para diferentes cultivares variaram significativamente. O número de flores por planta variou de 4,3 a 194,6, o diâmetro da cabeça da flor variou de 2,8 a 17,6 cm e o comprimento do caule variou de 4,4 a 20,1 cm. Entre as cultivares de crisântemo, a V15 (BARI chrysanthenum1) foi a cultivar que produziu o máximo de flores, enquanto a V1 produziu as flores maiores e as flores da V21 tiveram a vida útil mais longa. Estas variações podem ajudar a classificar o crisântemo, para cultivo em vaso e flor de corte, com base na sua qualidade de floração, o que será benéfico para os produtores.

Gerbera

Bhattacharjee (1981) avaliou trinta e uma variedades de *Gerbera jamesoni* quanto ao crescimento das plantas e ao rendimento em condições de Bangalore.

Os resultados indicaram que o número máximo de rebentos laterais por planta foi produzido na variedade White Perfection (6,6), enquanto o número mínimo de rebentos foi observado nas variedades Agnihotri UP (6,0) e Dainkiness (6,0). A variedade Himdevi produziu o máximo de folhas por planta (70,4) e foi seguida pela Denbendras Glory (53,60), enquanto a menor produção de folhas foi registada na Lady Mary Herbert (54,00). O número de flores por planta foi máximo na Indu Kumari (13,4). As outras variedades do grupo mais significativo foram Ada, Agnihotri, Denbendras Glory, Red Beauty e White Perfection. O menor número de flores foi encontrado na Yellow Mira (6,4).

Kannan e Ramdas (1990) estudaram a variabilidade em quarenta e oito acessos de gerbera. O número máximo e mínimo de folhas por planta foi registado por ACC-14 (74,53) e ACC-17 (23,95), respetivamente. O ACC-22 registou o número mais elevado de rebentos por planta (29,43), seguido do ACC-23 (29,01), onde o número de rebentos por planta é mais elevado. 23 (29.01), onde foi o menor (5.08) no ACC-9. A altura máxima da planta foi registada em ACC-7, ACC-6, ACC-11 e ACC-4. O diâmetro da flor entre os acessos variou de 4,78 a 9,68 cm (ACC-47 e ACC-36) respetivamente.

A avaliação de vinte genótipos efectuada por Bhat (1995) na zona de transição do Norte de Karnataka revelou que o genótipo Pride of Pong era superior em termos de número de folhas, área foliar, número de rebentos por planta, precocidade da floração, maior número de flores por planta e tamanho da flor. No entanto, os genótipos Sweet Dream, Cream Beauty, Double Galve, Indu Magnet e Day Light também foram considerados genótipos promissores para o sector de transição do

Norte do Karnataka.

Ambad *et al.* (2001) efectuaram um ensaio com seis genótipos de gerbera. Observaram que Angela e Polar eram precoces na floração e que o início da floração ocorreu aos 37 e 47 dias após a plantação, respetivamente. As cv. Polar, Palermo e Panamá produziram o maior comprimento de caule. As flores de maior tamanho foram registadas na cv. Parijat, enquanto a cv. Polar produziu o máximo de flores, seguida da cv. Angela.

Shruti *et al.* (2004) avaliaram treze cultivares de Gérbera (Charmander, Dalma, Diablo, Francella, Goldengate, Goldflor, Magnum, Ornelia, Rosalin, Sangria, Savannah, Sunanda e Vino) quanto ao seu desempenho sob uma rede de sombra. A Charmander era mais alta (45 cm) e tinha uma vida floral mais longa (16,60 dias) do que as outras cultivares. A Savannah apresentou maior número de folhas por planta (31,20), maior área foliar (264,43 cm2); maior comprimento do caule (63,20 cm) e largura da folha (0,69 cm). Entre estas, Dalma e Goldflor levaram o mínimo de dias para produzir o botão de flor. A cv. Vino apresentou o maior tempo de vida de vaso, 15,16 dias. A cv. Sangria apresentou o maior valor para o diâmetro da flor (12,50 cm).

Sankari *et al.* (2010) referiram que, entre 30 variedades de gerbera, a variedade Rosalin registou a duração máxima da floração (11 dias) e do tempo de vida em vaso (10 dias), o número máximo de flores por planta por ano foi registado na var. Rosalin (33), seguida da var. Oilila (32) e da var. Junkfru (30), o pedúnculo floral mais longo foi observado na variedade Esmara (53,1 cm) nas colinas de Yercaud para regiões subtropicais.

Calêndula

Richard *et al.* (2002) avaliaram 84 cultivares de calêndula africana (*Tagetes erecta*) e calêndula francesa (*T. patula*), segundo os quais as cultivares de calêndula com classificação vegetativa e floral 5 foram consideradas excelentes, 4 a 4,9 como bons desempenhos e 3,9 como razoáveis a fracos. As cultivares em estudo foram agrupadas em classes com base na classificação subjectiva em diferentes grupos de altura, tipos de flores e cor das flores.

Khanvilkar *et al.* (2003) efectuaram uma experiência para avaliar o desempenho de cinco cultivares de calêndula africana na zona costeira do Konkan Norte de Maharashtra. Foi observado um número máximo de ramos na cv. 'Orange Boom'.

Chandrashekara *et al.* (2005) observaram que entre as dez cultivares de calêndula africana avaliadas, a *cv.* 'Orange Double' registou o maior peso de flor (16,67 g).

Namita *et al.* (2008) avaliaram onze selecções de calêndula francesa em relação a vários parâmetros e relataram que o número máximo de flores por planta foi produzido pela 'French Selection-2' (144,67), enquanto foi mínimo na 'French Selection-3' (30,00).

Narsude *et al.* (2010) efectuaram uma avaliação de genótipos de calêndula nas condições de Marathwada. Entre os genótipos, o Pakharsangavi local registou significativamente a altura máxima das plantas, a circunferência do caule e o número máximo de flores, em comparação com outros genótipos. O perímetro máximo do caule (5,37 cm) foi registado nos genótipos Pakharsangavi local, ao passo que a calêndula orange bunch apresentou um perímetro mínimo do caule (4 cm). A 'Marigold Orange Bunch' registou a duração máxima da floração (56,33 dias), enquanto que no genótipo 'Malegaon Local' foi curta (42,00 dias). Tuljapur local -1 (71,00) registou o número máximo de flores por planta e o mínimo foi registado em Akolner local (36,47).

Raghuvanshi e Sharma (2011) avaliaram a calêndula francesa na zona montanhosa de Himachal Pradesh. Entre as cultivares, a cv. A cv. 'Safari Yellow' levou o menor número de dias para a iniciação do primeiro botão (34,67), enquanto a cv. 'Safari Queen' registou o maior número de dias para a iniciação do botão (42,67).

China aster

Angadi (2000) estudou o desempenho de dez cultivares de áster da China. As cultivares Phule Ganesh White e Violet Cushion tiveram um crescimento vigoroso. As cultivares Gaint Branching Comet e Ostrich Plume Mixed tiveram uma floração precoce. O desempenho das cultivares de áster da China Phule Ganesh Pink, Phule Ganesh White e Phule Ganesh Purple cultivadas em campo aberto sob condições de sombreamento de 50% em Arabhavi revelou que a altura da planta, o número de ramos primários e de flores por planta, a produção de flores e o diâmetro das flores eram mais elevados nas plantas sob sombreamento de 50%, embora as diferenças no número de ramos primários e de flores por planta devido ao ambiente não fossem significativas. As diferenças nos valores dos parâmetros medidos não foram significativas entre as cultivares (Kulkarni *et al.*, 2004).

Srinivasulu *et al.* (2004) revelaram variações significativas entre as diferentes cultivares de China aster. O número de flores produzidas por planta foi máximo nas cultivares Phule Ganesh Pink, Phule Ganesh Violet e Phule Ganesh White e foi mínimo na cultivar Kamini. O diâmetro da flor foi maior nas cultivares Phule Ganesh White e Phule Ganesh Pink, enquanto que foi menor na cultivar Kamini. O comprimento do caule foi maior nas cultivares Phule Ganesh Pink, Phule Ganesh White e foi menor na cv. Kamini.

Munikrishnappa (2011) avaliou dez genótipos de china aster, entre as variedades avaliadas, a var. Phule Ganesh Violet registou a maior altura de planta. A propagação da planta foi máxima na var. Phule Ganesh Violet aos 45 DAT e na var. Phule Ganesh Purple aos 75,105 DAT e na colheita. A var. Phule Ganesh Violet foi considerada superior e registou o número máximo de ramos primários por planta, área foliar por planta e índice de área foliar. A var. Phule Ganesh Purple registou o número máximo de ramos secundários por planta.

Zosiamliana *et al.* (2012) avaliaram sete cultivares de áster da China para identificar cultivares adequadas em condições abertas de Hyderabad. Os resultados revelaram uma variação altamente significativa para vários parâmetros de crescimento, florais e de produção de flores entre as cultivares. A cv. Phule Ganesh Violet produziu a altura máxima da planta, o número de ramos primários e secundários, a propagação da planta e o número de folhas em todas as fases de crescimento da planta.

CHAPTER III

MATERIAL E MÉTODOS

Foi realizada uma investigação para estudar o desempenho de cultivares de dália (*Dahlia variabilis* L.) no Departamento de Floricultura e Paisagismo, Faculdade de Horticultura, Bidhan Chandra Krishi Viswavidyalaya, Mohanpur, Dist- Nadia, Bengala Ocidental, entre novembro de 2014 e abril de 2015. Os materiais utilizados, as técnicas adoptadas para a recolha, a análise e a interpretação dos dados no presente estudo são apresentados neste capítulo.

3.1 Localização do sítio experimental:

A experiência foi efectuada na Horticulture Research Station, Mondouri, Bidhan Chandra Krishi Viswavidyalaya, Mohanpur, Dist- Nadia, e State-West Bengal, Índia.

3.2 Localização geográfica do sítio experimental e condições climáticas do sítio experimental:

O local experimental da Estação de Investigação em Horticultura de Mondouri está situado no distrito de Nadia, no estado de Bengala Ocidental, Índia, a uma latitude de 23,5° N e a uma longitude de 89°E, com uma altitude média de 9,75 m acima do nível médio das águas do mar. O local insere-se na zona climática subtropical húmida, situando-se a sul do Trópico de Câncer. As três principais estações nesta zona agro-climática são seca e quente (março a maio), húmida e quente (junho a outubro) e seca e fria (novembro a fevereiro). A proximidade da Baía de Bengala e a presença de uma rede de sistemas fluviais, leitos, etc., não permitem a ocorrência de condições extremas. A proximidade da Baía de Bengala e a presença de uma rede de sistemas fluviais, leitos, etc., não permitem condições extremas.

Placa-1: Vista geral das parcelas experimentais

Tabela 1: Registos mensais de temperatura, humidade relativa, precipitação total e horas de sol brilhante durante o período de experimentação (novembro de 2014 - abril de 2015).

Ano & Mês	Temperatura média (^{0} c)		Humidade relativa média (%)	Precipitação total mensal (mm)	Horas de sol brilhante
	Máximo	Mínimo			
2014					

novembro	29.5	15.8	97.1	0.0	8.3
dezembro	24.9	11.4	98.0	0.0	6.3
2015					
janeiro	25.1	10.9	96.5	1.2	7.0
fevereiro	29.1	14.3	96.2	7.2	8.2
março	33.0	17.8	88.1	7.0	9.3
abril	35.3	21.8	91.5	10.8	7.7

Fonte: Departamento de Meteorologia e Física Agrícola, B.C.K.V., Mohanpur, Nadia, Bengala Ocidental, Índia.

3.3 Tipo de solo do sítio experimental:

O solo do sítio experimental é de textura franco-arenosa, bem drenado e de fertilidade média. As propriedades físico-químicas do solo obtidas na análise do solo estão resumidas abaixo na Tabela 2.

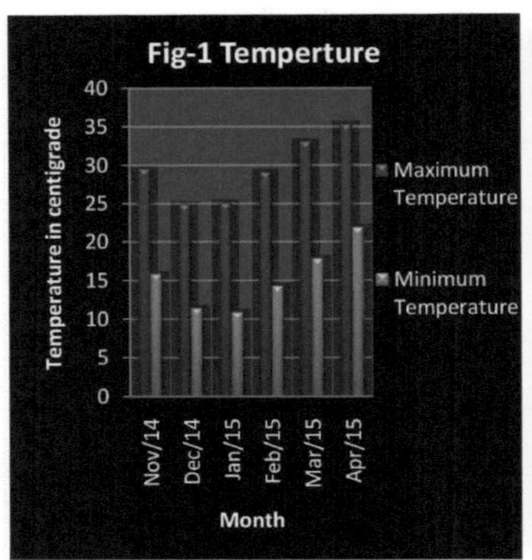

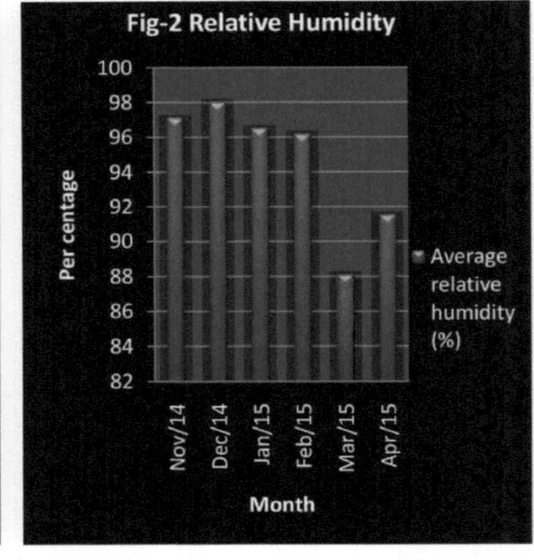

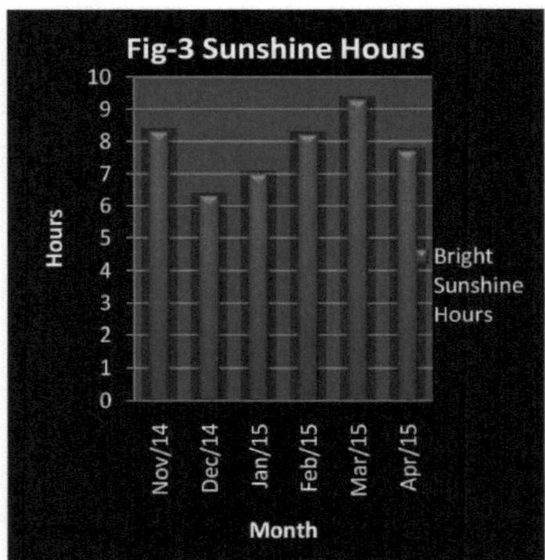

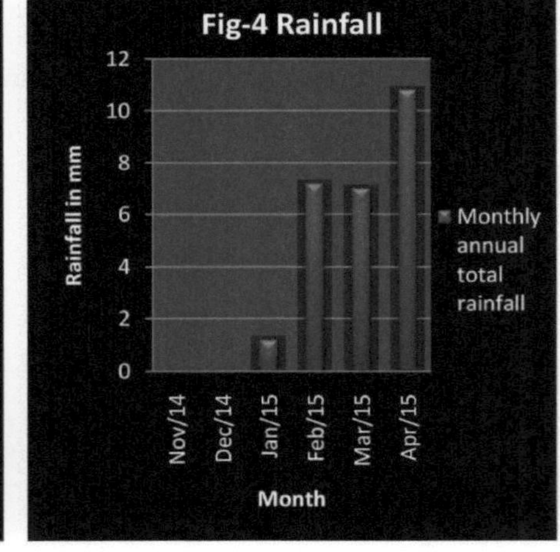

Tabela 2: Propriedades físico-químicas do solo

Particularidades	Valor	Métodos utilizados
Composição mecânica		
Areia (%)	35.93	Robinson, Método Pippette (Piper,1950)
Silte (%)	36.00	-fazer-
Argila (%)	28.07	-fazer-

Propriedades químicas do solo		
Carbono orgânico (%)	0.74	Titulação rápida Método de Walkey & Black (Jackson, 1973)
Total disponível Azoto (%)	0.07	Técnica de Kjeldahl modificada (Jackson, 1973)
Disponível Fósforo (kg/ha)	28.50	Método de Olsen (Olsen et al.,1954) tal como referido por Jackson,1973)
K disponível$_2$ O (kg/ha)	78.00	Fotómetro de chama (Muhr et al.,1965), como indicado por Jackson,1973)
pH do solo	6.6-6.7	Método do medidor de pH (Jackson, 1973)

3.4 Detalhes experimentais:

Quadro 3: Pormenores da disposição

a.	Conceção da experiência		RBD
b.	N.º de tratamentos		15
c.	Número de réplicas		3
d.	Espaçamento		40cm × 30cm
e.	Cada tamanho de parcela		1,2×1,5 m=1,8m^2
f	N.º de plantas/parcela		15
g.	Superfície total cultivada		81m^2
h.	N.º total de plantas no campo		675
i.	Largura do canal de irrigação		50cm
j.	Feixes		30 cm

Fig.5. Esquema da parcela experimental

R1	Irrigation channel	R2	Irrigation channel	R3
T10		T3		T8
T5		T7		T12
T3		T11		T4
T7		T5		T13
T2		T10		T1
T11		T15		T9
T6		T2		T15
T14		T13		T6
T9		T14		T11
T15		T1		T14
T1		T8		T2
T13		T12		T7
T4		T6		T3
T12		T9		T5
T8		T4		T10

T1-J.Pee Jee,T2 -Mother Teresa, T3- Prabhuji,T4- A. Humbley,T5- Black Out, T6-Sachin, T7- Rainha Árabe, T8- Pagal Thakur,T9-Ankita, T10-Dhoni, T11-Bhu Sona, T12-Bharati, T13- Chitchor,T14- Agni, T15-Aditya.

3.5 Detalhes do tratamento:

Quinze cultivares de dália decorativa média foram colhidas em Antara Nursery, Kalyani, e as cultivares utilizadas são enumeradas no quadro 4. As cores das flores das diferentes variedades estão de acordo com a mini tabela de cores da Royal Horticultural Society (RHS).

Quadro 4: Pormenores das cultivares utilizadas no estudo

Sl. Não.	**Nome das cultivares**	**Cor da flor observada (RHS)**	**Símbolos de tratamento**
1.	J.PEE JEE	PINK RHS 64D	T1

2.	MÃE TERESA	BRANCO RHS 155B, VERMELHO PÚRPURA ESCURO	T2
3.	PRABHUJI	VERMELHO ROSA ESCURO RHS 53C, LARANJA CLARO RHS 27D	T3
4.	A. HUMBLEY	ROSA CLARO RHS 65B	T4
5.	PRETO	ROSA RHS 68C, VERMELHO RHS 4A	T5
6.	SACHIN	VERMELHO RHS 45A	T6
7.	RAINHA ÁRABE	AMARELO RHS 7D	T7
8.	PAGAL THAKUR	PÚRPURA RHS 71A, VIOLETA RHS N82D	T8
9.	ANKITA	VERMELHO ROSA RHS 51D, AMARELO CLARO RHS	T9
10.	DHONI	LARANJA CLARO RHS 26D	T10
11.	BHU SONA	ROSA PÚRPURA RHS 73A	T11
12.	BHARATI	VERMELHO RHS 45A	T_{12}
13.	CHITCHOR	ROXO RHS N79C	T_{13}
14.	AGNI	VERMELHO PÚRPURA ESCURO RHS 53A	T14
15.	ADITYA	ROSA ESCURO VERMELHO RHS 53C	T15

Placa-2a: Variedades de dália

Placa-2b: Variedades de dália

ANKITA DHONI

BHU SONA BHARATI

Placa-2c: Variedades de dália

Placa-2d: Variedades de dália

3.6 Práticas culturais

3.6.1 Preparação do terreno

A parcela experimental foi lavrada repetidamente até se obter uma terra fina. Os torrões e os restolhos foram removidos e o terreno foi nivelado. A parcela foi demarcada em 3 blocos e cada bloco foi dividido em 15 parcelas de $1,2\times1,5$ m=$1,8m^2$ com um canal de irrigação de 50cm.

3.6.2 Plantação

As estacas enraizadas de dália decorativa média foram plantadas em 28 de novembro de 2014 a um espaçamento de 40 × 30 cm, seguido de irrigação completa para manter as condições ideais de humidade do solo.

3.6.3 Adubos e fertilizantes

Na altura da preparação final das parcelas foi aplicado vermicomposto @1kg por m^2 e fertilizantes inorgânicos ureia @ 40g/parcela, MOP @ 30g/parcela e SSP @ 140g/parcela foram aplicados de acordo com a dose recomendada. A dose completa de fósforo e potássio e meia dose de nitrogénio é aplicada na altura da preparação final do terreno antes da plantação e a restante meia dose de nitrogénio é aplicada após 40 dias de plantação. Duas pulverizações foliares de 19:19:19 (Sujala) @1g/litro de água, foram recebidas pelas plantas antes do FBE.

3.6.4 Irrigação

As parcelas experimentais foram irrigadas através de canais, dependendo das condições do solo e do clima, sempre que necessário.

3.6.5 Acções interculturais

A parcela experimental foi mantida livre de ervas daninhas através de monda manual regular. Todas as plantas foram estacadas para evitar o acamamento da cultura. A sacha foi efectuada sempre que necessário.

3.6.6 Pinça, desponta e desponta

Trinta dias após a plantação, foi efectuada uma pinça para induzir ramos laterais. Quatro rebentos foram mantidos para a floração em cada planta e os restantes foram desenraizados. Posteriormente, procedeu-se ao desponte e à desbrota sempre que necessário, mantendo o rebento terminal.

3.7 Observações biométricas registadas

Os dados foram recolhidos em vários parâmetros durante a fase vegetativa e de floração de oito plantas marcadas aleatoriamente em cada parcela de três repetições.

3.7.1Observações sobre o parâmetro de crescimento

3.7.1.1 Altura da planta na emergência do botão floral

A altura das plantas no momento da emergência dos botões florais foi medida do solo até à ponta de crescimento com a ajuda de uma escala de metros para todas as plantas marcadas ao acaso e a média foi calculada e expressa em centímetros.

3.7.1.2 Altura da planta em plena floração (cm)

A altura das plantas em plena floração foi medida do solo até à ponta de crescimento com a ajuda de uma escala de metros para todas as plantas marcadas ao acaso e a média foi calculada e expressa em centímetros.

3.7.1.3 Área foliar (cm2)

A área foliar de 5th e 6th estágio da folha foi medida de cada planta marcada usando o medidor de área foliar. Foi medida em unidades de cm^2 .

3.7.2Atributos da floração e parâmetros de qualidade

3.7.2.1 Dias para a emergência do botão floral (FBE)

O registo foi efectuado através da contagem do número de dias decorridos entre a data de plantação das estacas enraizadas e o estádio em que o primeiro botão floral era visível em cada variedade.

3.7.2.2 Dias para atingir 75 por cento de floração

A observação foi registada através da contagem do número de dias que o botão floral levou para desabrochar cerca de 75% da floração após o FBE.

3.7.2.3 Dias para atingir a plena floração

O número de dias necessários para atingir a plena floração após a emergência dos botões foi registado contando os dias a partir da data da FBE até à abertura total dos raios florais antes de atingirem a senescência.

3.7.2.4 Diâmetro da flor (cm)

Foram seleccionadas flores de plantas etiquetadas e o diâmetro das flores foi medido com uma escala no ponto de maior largura na fase de plena floração. Calculou-se a média e esta foi expressa em centímetros.

3.7.2.5 Vida própria (dias)

A frescura da inflorescência desde o estádio de 80 por cento de floração (flor central dos raios ainda por abrir) até ao primeiro sinal de senescência, isto é, quando as duas últimas filas de floretes dos raios começam a perder a sua turgescência, foi registada e expressa em dias.

3.7.2.6 Comprimento do caule (cm)

O comprimento do pedúnculo foi medido do ponto de emergência até à base do pedicelo para oito flores e calculou-se a média.

3.7.2.7 Diâmetro do caule

O diâmetro do pedúnculo foi medido em três pontos dos pedúnculos florais (base, meio e ponta) com a ajuda de um compasso de vernier e a média foi calculada e expressa em centímetros.

3.7.2.8 Peso da flor (g)

O peso das flores abertas de oito plantas marcadas foi medido e a média foi calculada e expressa em gramas.

3.7.2.9 Duração do vaso (dias)

As flores de corte colhidas de cada variedade (quando atingem o estádio de 80% de floração) foram mantidas em água destilada à temperatura ambiente. O número de dias foi contado até que as flores perdessem o seu valor visual comercial e se tornassem impróprias para serem mantidas em vaso. O tempo de vida total da flor no vaso foi calculado e expresso em dias.

3.7.2.10 Peso do cacho de tubérculos (g)

Em seguida, o solo foi escavado, os tubérculos foram retirados e a produção de tubérculos por parcela foi registada e expressa em gramas.

3.8 Graus-dia de crescimento (GDD)

Os GDs são calculados todos os dias como a temperatura máxima mais a temperatura mínima dividida por 2 (ou a temperatura média), menos a temperatura de base. As GDUs são acumuladas adicionando a contribuição das GDs de cada dia à medida que a estação avança.

$$GDD = \frac{T_{\text{max}} + T_{\text{min}}}{2} - T_{\text{base}}.$$

Se a temperatura média diária for inferior à temperatura de base, então

GDD=0. A temperatura de base é a temperatura abaixo da qual o crescimento das plantas é nulo. T base=8^0 C para a Dália (Erik, 2006).

3.9 Análise estatística:

Os dados relativos aos vários caracteres foram analisados estatisticamente de acordo com a técnica de análise de variância de Fisher, como indicado por Panse e Sukhamte (1985).

CHAPTER IV

RESULTADOS E DISCUSSÃO

4.1 Altura da planta:

É evidente na Tabela-5, que as cultivares mostraram uma variação significativa em termos de altura de planta. A altura máxima (73,81) da planta na fase de plena floração foi registada na cultivar Arab Queen (T_7). A cultivar Aditya (T_{15}) atingiu uma altura de 72,0 cm quase ao mesmo nível da Arab Queen. A cultivar Agni (T_{14}) produziu as plantas mais baixas (38,56 cm). Entre as cultivares, o crescimento linear máximo foi atingido pela cultivar Arab Queen desde a FBE até ao pleno florescimento.

Entre as 15 cultivares seleccionadas para o estudo, as cultivares Arab Queen (T_7) e Aditya (T_{14}) podem ser agrupadas como as mais altas, enquanto que as cultivares Prabhuji (T_3), Mother Teresa (T_2), Chitchor (T_{13}), Bharati (T_{12}), Bhu Sona (T_{11}), J. Pee Jee (T_1) se situam entre 56,94-66,31 cm e podem ser agrupadas como semi-altas. As cultivares que produzem plantas com altura entre 51-55,25 cm podem ser agrupadas como médias (Dhoni (T_{10}), Ankita (T_9), A.Humbley (T_4), Pagal Thakur (T_8), Black out (T_5). As cultivares Agni (T_{14}), e Sachin (T_6) estão agrupadas no grupo das anãs.

Mishra *et al.* (1987), Choudhary (1987), Dhane e Nimbalkar (2002) e Ajeetkumar *et al.* (2015) também registaram uma grande variação na altura das plantas em diferentes cultivares de dália. Munikrishnappa *et al* (2011) registaram variações na altura das plantas em cultivares de China Aster.

4.2 Área foliar:

A caraterística área foliar apresentou níveis de significância (Tabela 5). A cultivar J.Pee Jee registrou o tamanho máximo de folha (237,08m^2), seguida pela cultivar Dhoni (T_{10}) (203,31cm^2). Entre as cultivares, o menor tamanho de folha (94,78cm^2) foi observado na cultivar Black Out (T_5), que foi quase igual à cultivar A.Humbley (T_4).

Shruthi *et al* (2004) observaram diferenças nos tamanhos das folhas de diferentes cultivares de crisântemo.

4.3 Emergência de botões de flores:

A leitura dos dados no Quadro 6 reflecte a variação significativa entre as cultivares em termos de emergência dos botões florais. Os dias necessários para a emergência do botão floral variaram de 63,95 dias (cultivar Dhoni, T10), T3 (65,31 dias em Prabhuji) até a floração tardia em Aditya (T15) (102,94 dias). Os resultados estavam em conformidade com os trabalhos relatados por Mishra *et al* (1987) e Bhattachariya *et al* (1976) em Dahlia, e Ravikumar *et al* (2007) em crisântemo.

4.4 Dias para 75% de floração a partir de FEB:

As cultivares de dália decorativa média seleccionadas para o estudo revelaram uma influência significativa na caraterística dias necessários para atingir o estádio de 75% de floração após a FEB (Quadro 6).

O número mínimo de dias para atingir 75% de abertura do botão floral foi registado em T10 (17,88 dias) e o atraso na abertura (75% do botão) foi exibido pela cultivar T15 (22,78 dias). A partir dos dados, é evidente que a maioria das cultivares atingiu o estágio em estreita proximidade.

Tabela 5: Altura da planta na FBE, floração plena e área foliar das cultivares de dália

Tratamento	Altura da planta na emergência do botão floral (cm)	Altura da planta em plena floração (cm)	Área foliar (cm)^2
Tl	33.94	66.31	237.08
T2	37.13	59.00	146.04
T3	34.44	56.94	101.46
T4	35.00	52.94	96.75
T5	19.38	55.25	94.78
T6	29.81	49.44	171.01
T7	32.88	73.81	109.70
T8	30.19	54.00	142.64
T9	30.31	51.94	126.57
T10	31.06	51.63	203.39
Tll	37.81	62.94	116.42
T12	30.31	59.63	171.48
T13	31.31	59.44	169.21
T14	20.25	38.56	125.71
T15	49.13	72.00	141.13
SEm(±)	1.10	1.32	9.44
CD a 5%	3.18	3.81	27.36

T1-J.Pee Jee, T2 -Mother Teresa, T3- Prabhuji, T4- A. Humbley, T5- Black Out, T6-Sachin, T7-Arab Queen, T8- Pagal Thakur, T9-Ankita, T10-Dhoni, T11-Bhu Sona, T12-Bharati, T13- Chitchor, T14- Agni, T15-Aditya.

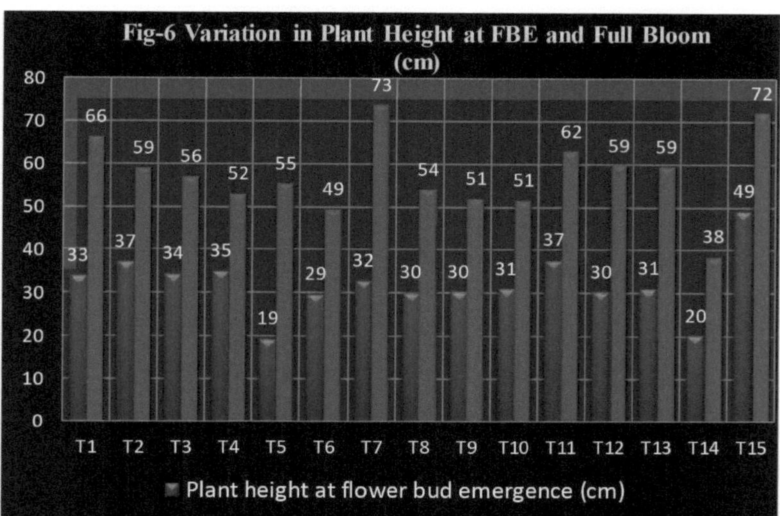
Fig-6 Variation in Plant Height at FBE and Full Bloom (cm)
80
70
60
50
40
30
20
10
0
33 66
37 59
34 56
35 52
19 55
29 49
32 73
30 54
30 51
31 51
37 62
30 59
31 59
20 38
49 72
T1 T2 T3 T4 T5 T6 T7 T8 T9 T10 T11 T12 T13 T14 T15
Plant height at flower bud emergence (cm)

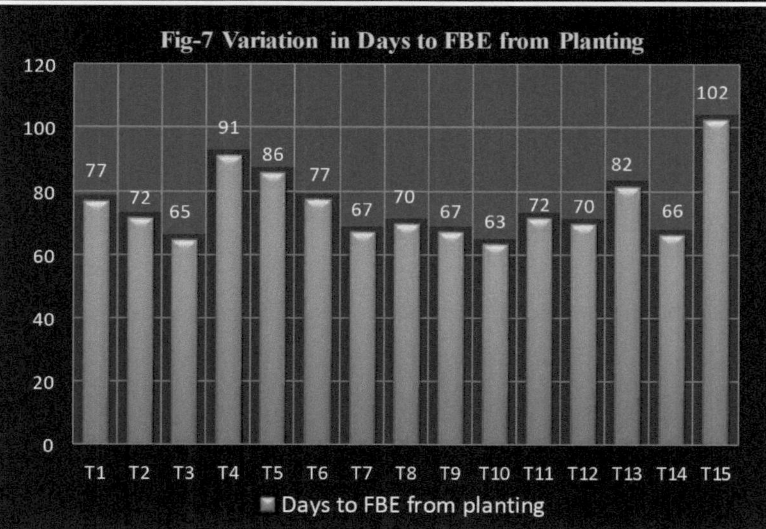
Fig-7 Variation in Days to FBE from Planting
120
100
80
60
40
20
0
77 72 65 91 86 77 67 70 67 63 72 70 82 66 102
T1 T2 T3 T4 T5 T6 T7 T8 T9 T10 T11 T12 T13 T14 T15
Days to FBE from planting

4.5 Dias para a plena floração:

Como na caraterística dias para 75% de floração, a cultivar T_{10} levou o mínimo de tempo para atingir a floração completa (20,72 dias), enquanto a cultivar T_{15} foi quase 5 dias mais tarde (26,59 dias) (Tabela-6).

$_{14}$A representação tabular dos dados mostrou que as cultivares T_{15} e T_{14} têm uma duração de escoamento mais longa.

A variação nos dias para atingir a plena floração entre cultivares foi registada por Ajithkumar *et al* (2007) em Dahlia e Ambad *et al* (2001) e Sankari *et al* (2010) em Gerbera.

4.6 Diâmetro da flor:

Os dados da Tabela -6 indicam que as flores produzidas pelas cultivares selecionadas para estudo apresentaram variação significativa entre si em termos de tamanho. A cultivar T_7 (Arab Queen) produziu as maiores flores (15,41cm) seguida da T_{11} (Bhu Sona). As cultivares Bharati (T_{12}), J.Pee Jee (T_1) e T_9 (Ankita) produziram flores com diferença insignificante no tamanho da flor. O diâmetro mínimo da flor foi registado na cultivar Dhoni (T_{10}). No entanto, a partir dos dados é evidente que, embora a variação no tamanho da flor tenha sido significativa, a maioria das cultivares produziu flores com menor grau de proeminência no tamanho da flor. A variação no diâmetro da flor entre cultivares também foi relatada por Choudhury (1987), Misra *et al* (2001), Dhane e Nimbalkar (2002).

Tabela 6: Atributos de floração e parâmetros de qualidade da flor de cultivares de dália

Tratamentos	Dias para FBE a partir da plantação	Dias para 75% de floração a partir da FBE	Dias para a plena floração da FBE	Diâmetro da flor (cm)	Peso da flor (gm)
Tl	77.34	18.56	22.13	14.44	39.50
T2	72.06	18.44	22.03	12.88	24.80
T3	65.31	20.09	23.72	12.41	23.33
T4	91.53	18.16	21.63	12.91	28.08
T5	86.34	19.63	22.81	12.31	28.17
T6	77.75	21.22	25.03	13.19	35.33
T7	67.63	21.28	25.31	15.41	23.98
T8	70.08	19.16	22.75	13.56	34.83
T9	67.69	21.13	24.69	14.16	29.83
T10	63.95	17.88	20.72	12.22	32.42
Tll	72.25	20.00	23.16	15.06	37.83
T12	70.19	20.00	23.25	14.63	32.75
T13	82.06	21.06	24.22	12.84	34.92
T14	66.60	21.84	25.72	12.54	22.00
T15	102.94	22.78	26.59	12.53	28.83
S.Em(±)	1.58	0.40	0.49	0.13	1.00
CD a 5%	4.58	1.16	1.42	0.39	2.89

T_1 -J.Pee Jee, T_2 -Mother Teresa, T_3 - Prabhuji, T_4 - A. Humbley, T_5 - Black Out, T_6 - Sachin, T_7 - Arab Queen, T_8 - Pagal Thakur, T_9 -Ankita, T_{10} -Dhoni, T_{11} -Bhu Sona, T_{12} -Bharati, T_{13} - Chitchor, T_{14} - Agni, T_{15} -Aditya.

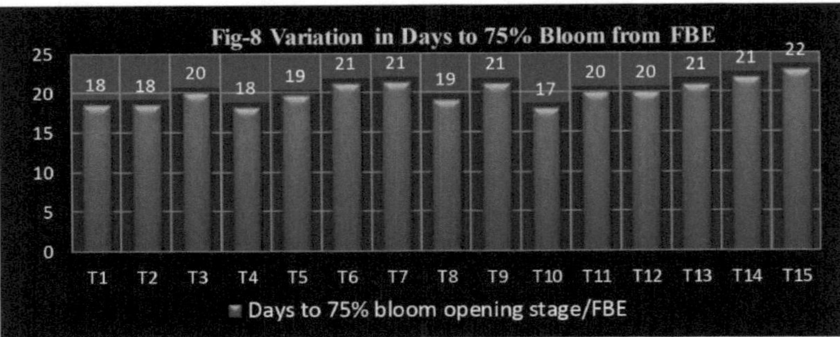
Fig-8 Variation in Days to 75% Bloom from FBE
25
20
15
10
5
0
18 18 20 18 19 21 21 19 21 17 20 20 21 21 22
T1 T2 T3 T4 T5 T6 T7 T8 T9 T10 T11 T12 T13 T14 T15
Days to 75% bloom opening stage/FBE

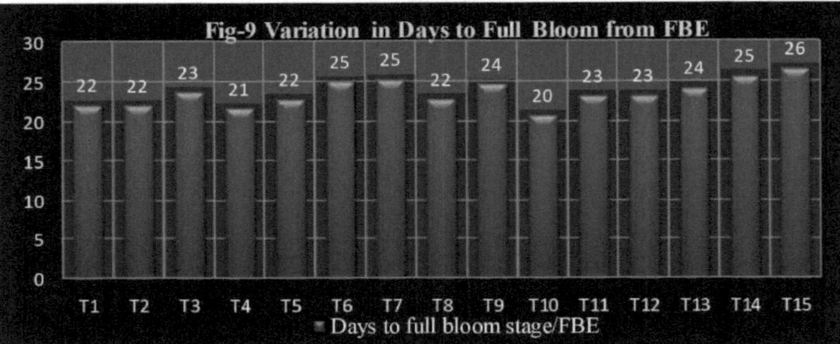
Fig-9 Variation in Days to Full Bloom from FBE
30
25
20
15
10
5
0
22 22 23 21 22 25 25 22 24 20 23 23 24 25 26
T1 T2 T3 T4 T5 T6 T7 T8 T9 T10 T11 T12 T13 T14 T15
Days to full bloom stage/FBE

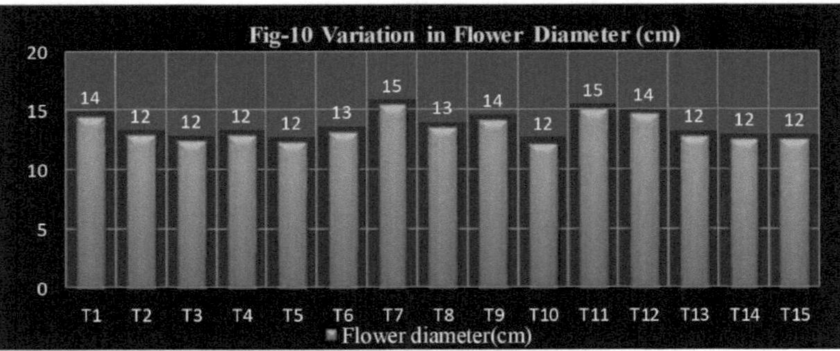
Fig-10 Variation in Flower Diameter (cm)
20
15
10
5
0
14 12 12 12 12 13 15 13 14 12 15 14 12 12 12
T1 T2 T3 T4 T5 T6 T7 T8 T9 T10 T11 T12 T13 T14 T15
Flower diameter(cm)

Tabela 6 (Contd): Atributos de floração e parâmetros de qualidade da flor de cultivares de dália

Tratamentos	Comprimento do caule (cm)	Diâmetro do caule (cm)	Vida própria (dias)	Duração do vaso (dias)	Peso do cacho de tubérculos (g)
Tl	47.70	0.68	3.75	3.17	1.10
T2	40.08	0.40	3.94	3.33	3.47
T3	37.06	0.51	4.00	2.83	0.20
T4	38.30	0.48	3.88	3.00	2.10
T5	39.92	0.43	3.75	3.17	3.75
T6	30.91	0.55	3.92	3.33	3.20
T7	55.11	0.56	3.94	3.33	0.60
T8	33.33	0.55	3.94	3.17	1.70
T9	33.83	0.54	3.88	3.00	1.77
T10	31.39	0.54	3.94	2.83	0.17
Tll	44.39	0.53	4.06	3.50	0.20
T12	41.45	0.62	4.00	3.33	0.80
T13	40.23	0.64	4.06	3.17	2.50
T14	24.14	0.51	4.00	2.83	1.10
T15	55.98	0.69	3.94	3.00	3.20
S.Em(±)	1.07	0.01	0.07	0.13	0.06
CD a 5%	3.11	0.03	0.22	0.39	0.19

T_1 -J.Pee Jee, T_2 -Mother Teresa, T_3 - Prabhuji, T_4 - A. Humbley, T_5 - Black Out, T_6 - Sachin, T_7 - Arab Queen, T_8 -Pagal Thakur,T_9 -Ankita, T_{10} -Dhoni, T_{11} -Bhu Sona, T12-Bharati, T13- Chitchor,T14- Agni, T15-Aditya.

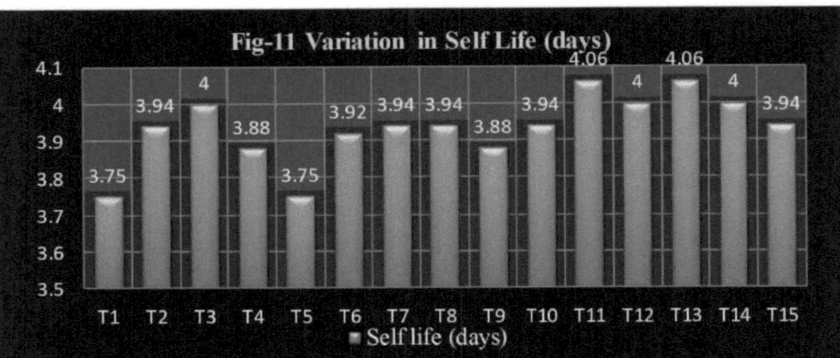
Fig-11 Variation in Self Life (days)
4.1
4
3.9
3.8
3.7
3.6
3.5
3.75
3.94
4
3.88
3.75
3.92
3.94
3.94
3.88
3.94
4.06
4
4.06
4
3.94
T1 T2 T3 T4 T5 T6 T7 T8 T9 T10 T11 T12 T13 T14 T15
Self life (days)

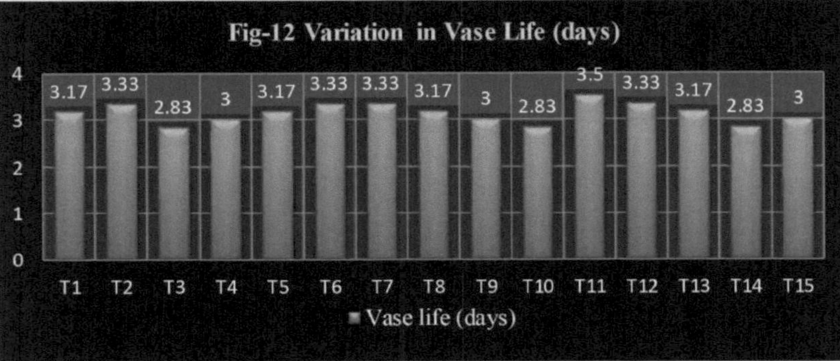
Fig-12 Variation in Vase Life (days)
4
3
2
1
0
3.17
3.33
2.83
3
3.17
3.33
3.33
3.17
3
2.83
3.5
3.33
3.17
2.83
3
T1 T2 T3 T4 T5 T6 T7 T8 T9 T10 T11 T12 T13 T14 T15
Vase life (days)

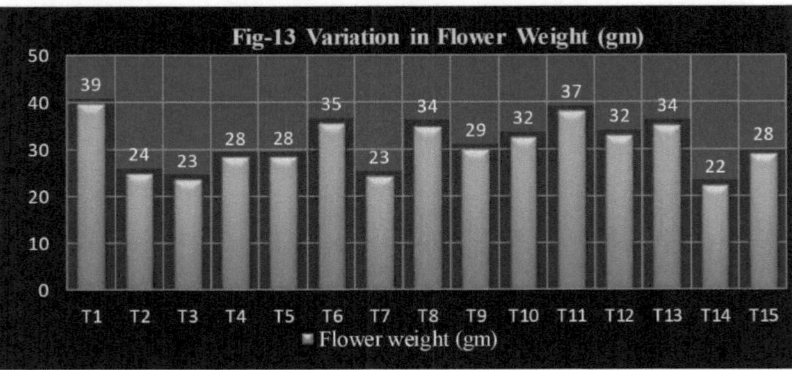
Fig-13 Variation in Flower Weight (gm)
50
40
30
20
10
0
39
24
23
28
28
35
23
34
29
32
37
32
34
22
28
T1 T2 T3 T4 T5 T6 T7 T8 T9 T10 T11 T12 T13 T14 T15
Flower weight (gm)

4.7 Comprimento do caule:

A partir da apresentação tabular no Quadro 6, é evidente que o comprimento do caule variou significativamente entre as cultivares. A cultivar Aditya (T_{15}) e Arab Queen (T_7) estavam a par em termos de comprimento do caule (55,98 e 55,11cm respetivamente). O comprimento mínimo do caule (24,14 cm) foi registado na cultivar Agni (T_{14}).

4.8 Diâmetro do caule:

Embora as características atinjam níveis de significância, a Tabela 6 mostra que a leitura não apresentou uma variação acentuada.

4.9 Vida própria:

Tal como a caraterística diâmetro do pedúnculo, a auto-vida das flores, embora significativa, não apresentou qualquer proeminência nas leituras, todas as cultivares senescem após cerca de 4 dias a partir da plena floração.

4.10 Vida de vaso

A vida de vaso das cultivares de dália na experiência foi observada dentro da faixa de fluxo de 3,50 a 2,83 dias (Tabela 6). O tempo de vida do vaso é máximo (3,50 dias) na cultivar Bhu Sona (T_{11}), seguido por (3,33 dias) nas cultivares Mother Teresa (T_2), Sachin (T_6), Arab Queen (T_7), Bharati (T_{12}) e mínimo (2,83 dias) em Prabhuji (T_3), Dhoni (T_{10}), Agni (T_{14}).

A preferência do consumidor depende do tempo de vida em vaso da flor, bem como de outras boas qualidades, como o comprimento do pedúnculo e o número de florzinhas de raios por flor. Dhane *et al.* (2002) e Vikas *et al.* (2011) observaram resultados semelhantes na dália.

4.11 Peso da flor

O peso da flor variou significativamente entre as cultivares (Tabela 6). O peso da flor foi maior (39.50gm) na cultivar J.Pee Jee (T_1) seguido pela cultivar Bhu Sona (T_{11}) (37.83gm) e o menor (22gm) peso da flor foi registado na cultivar Agni (T_{14}).

Mishra *et al.* (1987) registaram resultados semelhantes na dália.

4.12 Peso do cacho de tubérculos (g)

O peso do cacho de tubérculos variou significativamente entre as cultivares (Tabela 6). O peso do cacho de tubérculos foi máximo (3,75g) na cultivar Black Out (T_5), seguido por (3,47g) na cultivar Mother Teresa (T_2) e mínimo (0,17g) na cultivar Dhoni (T_{10}), seguido por (0,20g) na cultivar Bhu Sona (T_{11}) e na cultivar Prabhuji (T_3). A variação no peso dos tubérculos pode ser devida à expressão genotípica das cultivares.

O resultado estava em conformidade com as observações registadas por Bhattacharyya *et al.* (1976) e Mishra *et al.* (1987) em dália.

4.13 GDD cumulativo de plantas de dália necessário para atingir diferentes fenofases

É evidente a partir da Tabela-7, que as cultivares mostraram variação significativa em dias para FBE, 75% de floração e floração completa, respetivamente, a partir da data de plantio em termos de GDD. O valor máximo (1184.35, 1008.35) de GDD foi observado na cultivar Aditya (T_{15}) e na cultivar A. Humbley (T_4) respetivamente e o valor mínimo (653.2, 660.6) de GDD foi observado na cultivar Dhoni (T_{10}) e na cultivar Prabhuji (T_3) respetivamente durante os dias para FBE a partir do plantio. O valor máximo (1625.6, 1321.5) de GDD foi observado na cultivar Aditya (T_{15}) e na cultivar A. Humbley (T_4) respetivamente e o valor mínimo (841.35, 903.7) de GDD foi observado na cultivar Dhoni (T_{10}) e na cultivar Prabhuji (T_3) respetivamente durante os dias para 75% de floração a partir do plantio. O valor máximo (1813.1, 1377.65) de GDD foi observado na cultivar Aditya (T_{15}) e na cultivar A. Humbley (T_4) respetivamente e o valor mínimo (903.7, 972.9) de GDD foi observado na cultivar Dhoni (T_{10}) e na cultivar Prabhuji (T_3) respetivamente durante os dias para a plena floração a partir do plantio.

Entre as 15 cultivares seleccionadas para o estudo, o GDD médio para as cultivares de longa duração é de 1096,35, 1473,55 e 1595,375 em dias para FBE, 75% de floração e plena floração, respetivamente, a partir da data de plantação. O GDD médio para as cultivares de curta e média duração é de 740,58, 1024,29 e 1085,14 em dias para FBE, 75% de floração e floração completa, respetivamente, a partir da data de plantio.

Quadro 7: GDD acumulado de plantas de dália necessário para atingir diferentes fenofases

Tratamentos	**Dias para FBE a partir da plantação**	**Dias para 75% de floração a partir da plantação**	**Dias para a plena floração a partir da plantação**
Tl	791.1	1096.5	1141.55
T2	732.2	990	1063
T3	660.6	903.7	972.9
T5	921.1	1250	1302.85
T6	803.1	1141.55	1201.85
T7	686.95	972.9	1045.6
T8	713.75	972.9	1045.6
T9	686.95	972.9	1027
T10	653.2	841.35	903.7
Tll	732.2	1027	1080.2
T12	713.75	990	1045.6
T13	856.25	1201.85	1250
T14	676.45	955.15	1027
GDD médio para cultivares de curta e média duração	740.58	1024.29	1085.14
T15	1184.35	1625.6	1813.1
T4	1008.35	1321.5	1377.65
GDD médio para cultivares de longa duração	1096.35	1473.55	1595.37

T1-J.Pee Jee, T2 -Mother Teresa, T3- Prabhuji, T4- A. Humbley, T5- Black Out, T6-Sachin, T7- Arab Queen, T8-Pagal Thakur, T9-Ankita, T10-Dhoni, T11-Bhu Sona, T12-Bharati, T13- Chitchor, T14- Agni, T15-Aditya.

CHAPTER V

RESUMO E CONCLUSÃO

A experiência intitulada "Avaliação varietal da dália decorativa média (*Dahlia Variabilis L.*) nas planícies subtropicais de Bengala Ocidental" foi realizada na Estação de Investigação Hortofrutícola, Mondouri de Bidhan Chandra Krishi Viswavidyalaya, Nadia, Bengala Ocidental, de novembro de 2014 a abril de 2015, em solo franco-arenoso bem drenado com pH 6,5. A experiência foi realizada em blocos aleatórios, que foram repetidos três vezes. Foram seleccionadas 15 variedades de dália decorativa média para avaliar em condições de campo aberto. (T_1 - J. Pee Jee, T_2 - Madre Teresa, T_3 - Prabhuji, T_4 - A. Humbley, T_5 - Black Out, T_6 - Sachin, T_7 - Arab Queen, T_8 - Pagal Thakur, T_9 - Ankita, T_{10} - Dhoni, T_{11} - Bhu Sona, T12- Bharati, T13- Chitchor, T14- Agni, T15- Aditya). As observações sobre os parâmetros de crescimento estudados foram a altura da planta na emergência do botão floral e na plena floração e a área foliar. Entre os parâmetros de floração estudados estavam os dias para a emergência do botão floral, dias para atingir 75% de floração, dias para atingir a plena floração, diâmetro da flor, vida própria, comprimento do caule, diâmetro do caule, peso da flor e vida do vaso. Entre as variedades estudadas, foram registadas observações de variações altamente significativas para os parâmetros de crescimento e floração.

Na fase de emergência dos botões florais, a cultivar Aditya (T15) registou a maior altura de planta (49,13) e a cultivar Black Out (T5) registou a menor altura de planta (19,38cm). Na fase de plena floração as cultivares Arab Queen (T7) e Aditya (T15) registaram a maior altura de planta (73.81, 72.0) cm respetivamente e a cultivar Agni (T_{14}) registou a menor altura de planta (38.56 cm). A área foliar foi máxima (237,08) na cultivar J. Pee Jee (T1) seguida pela cultivar Dhoni (T10) (203,31cm^2), a cultivar Black Out (T5) registou uma área foliar mínima (94,78 cm^2).

A floração precoce foi observada na cultivar Dhoni (T10), enquanto a cultivar

Aditya (T15) levou o máximo de dias para completar a floração.

O diâmetro da flor foi máximo (15,41cm) na cultivar Arab Queen (T7), seguido por (15,06cm) na cultivar Bhu Sona (T11), enquanto que foi menor (12,22cm) na cultivar Dhoni (T_{10}). O comprimento máximo do caule (55.98cm, 55.11cm) foi registado em Aditya (T_{15}) e Arab Queen (T_7) respetivamente e o mínimo (24.14) em Agni (T_{14}). O diâmetro do caule foi maior (0,69 cm) nas cultivares Aditya (T15) e menor (0,40 cm) na cultivar Madre Teresa (T2). A vida própria foi máxima (4,6 dias) nas cultivares Chitchor (T13) e Bhu Sona (T11) e mínima (3,75 dias) nas cultivares J.Pee Jee (T1) e Sachin (T6). O peso da flor foi maior (39,50gm) na cultivar J.Pee Jee (T 1) seguido por (37,83gm) na cultivar Bhu Sona (T_{11}) e o menor (22gm) peso da flor é na cultivar Agni (T_{14}). O tempo de vida do vaso é máximo na cultivar Bhu Sona (T_{11}).

A partir dos resultados, pode concluir-se que as cultivares de dália decorativa média têm um grande potencial no comércio. A cultura pode ser efetivamente recomendada para o cultivo comercial devido à sua vasta gama de cores, ao diâmetro aceitável das flores e ao comprimento do pedúnculo, que são os caracteres mais desejáveis para as flores de corte. Entre as cultivares seleccionadas, enquanto a cultivar Dhoni (T_{10}) pode ser cultivada para uma colheita precoce, a cultivar Aditya (T15) foi considerada adequada para uma floração mais longa.

CHAPTER VI

ÂMBITO FUTURO DA INVESTIGAÇÃO

Futuro ramo de atividade

A presente investigação, intitulada "Avaliação varietal da dália decorativa média (*Dahlia Variabilis L.*) nas planícies subtropicais de Bengala Ocidental", aponta para a investigação futura seguinte:

1. É necessário avaliar o desempenho de um maior número de cultivares nesta região.

2. O futuro melhoramento das culturas através da hibridação e da mutação pode ser efectuado.

3. É necessário efetuar um ensaio em vários locais.

4. Como observado, o tempo de vida do vaso e o tempo de vida próprio são bastante satisfatórios, o que poderia ser melhorado ainda mais para conquistar o mercado.

5. Exploração da variabilidade disponível através de abordagens convencionais e biotecnológicas.

6. Caracterização da dália através de marcadores moleculares.

7. Estudo da ocorrência de pragas e doenças em diferentes estações do ano.

CHAPTER VII

REFERÊNCIAS

Ajeetkumar, G., Naveenkuymar, J. e Saravan, S., 2015, Avaliação varietal de diferentes híbridos de dália (*Dahlia variabilis* L.) em condições agro-climáticas de Allahabad. *Indiano. J. Sci. Res. and Tech*., **5**(1): 55-58.

Altmann, A. e Streitz, D., 1995, Multiflora chrysanthemum for outdoor production. *Garten bauamagazin*, **3**: 12-14.

Ambad, S. N., Bakur, M. C., Mulla, A., Thakur, N. J. e Takate, R. L., 2001, A new low cost polyhouse technique for gerbera cultivation. *Indian J. Hort.*, **46**(1): 16-17.

Angadi, S. M., 2000, Estudos sobre o desempenho de cultivares de áster da China (*Callistephus chinensis* Nees.). *Tese de Mestrado (Agri.)*, Univ. Agric. Sci., Dharwad.

Ahmed, M. J. e Gul, S., 2002, Evaluation of Exotic Cultivars of Dahlia (*Dahlia coccinea*) under Rawalakot Conditions. *Asian Journal of Plant Sciences,* **1**: 565-566.

Barigigad, H. e Patil, A. A., 1997, Relative performance of chrysanthemum cultivars under transitional tract of Karnataka. *Karnataka J. Agric. Sci.* **10**(1): 98-101.

Baskaran, V., Janakiram, T. e Jayathi, R., 2004b, Varietal evaluation in chrysanthemum. *Karnataka J. Hort.* **1**(1): 23-27.

Bhat, V. C., 1995, Avaliação de genótipos de gerbera (*Gerbera jamesonii hybrida* Bolus). *Tese de Mestrado (Agri.)*. Univ. Agric. Sci., Dharwad.

*Bhattacharjee, S. K., 1981, Studies on the performance of different varieties of *Gerbera jamesonii hybrida* under Bangalore condition. *Lalbagh*, **26**(3): 16-23.

*Bhattacharyya, A. P., Pandey, H. S. e Yadav, L. P., 1976, Studies on the performance of some varieties of dahlia under Calcutta climate. *Prog. Hort.*, **8**: 51-56.

Chandrashekhara R, R. C., Veeranna, P., Reddy, M. R. e Padmaja, G., 2005, Screening of African marigold (*Tagetes erecta* L.) cultivars for flower yield and carotenoid pigments. *Indian J. Hort.,* **62**(3): 276-279.

Chezhian, N., Ponnuswami, V., Thaburaj, S., Khader, J. M. A., Nangan, K., e Gunashekaran, N., 1985a, Evaluation of chrysanthemum cultivars. *South Indian Hort.*, **33**: 279-282.

Chezhian, N., Ponnuswami, V., Thamburaj, S., Khader, J. M. A., Sambandamurthi, S. e Rangaswamy, P.,1985b, New varieties of horticultural crops released by Tamil Nadu Agricultural University, Coimbatore during 1985,CO-1 Chrysanthemum *south Indian Hort.*, **33** : 72-73.

Dhane, A. V. e Nimbalkar, C. A., 2002, Crescimento e desempenho da floração de algumas variedades de dália. *J. Maharashtra Agric. Univ.,* **27**(2): 210-211.

Erik, R., 2006, Temperature Effects on Floriculture Crops and Energy Consumption [Efeitos da temperatura nas culturas de floricultura e no consumo de energia]. *Michigan State University A240-C Plant & Soil Science Bldg East Lansing*: 894.

Joshi, R.P., Mishra, Y.K. e Solanki, S.S., 1997, Performance of Dahlia cultivars under UP hill conditions.

Kanamadi, V. C. e Patil, A. A., 1993, Performance of chrysanthemum varieties in the transitional tract of Karnataka. *South Indian Hort.*, **41**(1): 58-60.

Kannan, M. e Ramdas, S., 1990, Estudos de variabilidade e hereditariedade em gerbera. *Prog. Hort.*, **22**: 72-76.

Kelly, R. O,. Harbaugh, B.K., 2002, Evaluation of Marigold Cultivars as Bedding Plants in Central Florida. *Hort Technology,* **12**: 3.

Khanvilkar, M. H., Kokate, K. D., Mahalle, S. S., 2003, Performance of African marigold (*Tagetes erecta*) in North Konkan Coastal Zone of Maharashtra. *J. Maharashtra Agric. Univ.,* **28**(3): 333334.

Kulkarni, B.S., Reddy, B.S., Patil, B. C., Mathad, G. V., 2004, Performance of china aster cultivars under different environmental conditions. *Karnataka J. Hort.,* **1**(1): 100-103.

Mishra, M., Mohanty, C. R. e Mahapatra, K., 2001, Genetic variability with respect to floral traits in dahlia. *J. Orn. Hort.*, New Series, **4**(2): 79-82.

Mishra, R. L., Verma, T. S., Thakur, P. C. e Singh, H. B., 1987, Variability and correlation studies in dahlia. *India J. Hort.*, **44**(3-4): 269-273.

Munikrishnappa, P. M., 2011, Estudo sobre a estandardização da tecnologia de produção na China aster sob o trato de transição do norte de Karnataka. *Tese de doutoramento,* Univ. Agric. Sci., Dharwad.

Namita, Singh, K. P., Raju, D. V. S., Prasad, K. V. e Bharadwaj, C., 2008, Estudos sobre a variabilidade genética, a hereditariedade e o avanço genético em genótipos de calêndula francesa (*Tagetes patula*). *J. Orn. Hort.,* **12**(1): 30-34.

Narsude, P. B., Kadam, A. S. e Patil, V. K., 2010, Estudos sobre os atributos de crescimento e rendimento de diferentes genótipos de calêndula africana nas condições de Marathwada. *The Asian J. Hort.,* **5**(2): 284286.

Negi, S. S., Rao, T. M., e Ramachandran, N., 1988, *Annual Report for 1988*, Indian Institute of Horticultural research, Hesaraghatta, Bangalore.

Pasha, M. F. K., Ahmad, H. M., Qasim, M., Javed, I., 2015, Avaliação do desempenho de cultivares de zínia para características morfológicas nas condições agroclimáticas de Faisalabad. *Revista Europeia de Biotecnologia e Biociências,* **3** (1): 35-38.

Uddin, J., Taufique, A. F. T., Shahrin, A. F., Mehraj, H., 2015, Avaliação do crescimento e do desempenho da floração de trinta e duas cultivares de crisântemo. *Journal of Bioscience and Agriculture Research*, **04**(01): 40-51.

Raghuvanshi, A. e Sharma, B. P., 2011, Avaliação varietal da calêndula francesa (*Tagetes patula L.*) na zona média de Himachal Pradesh. *Prog. Agric.* **11**(1): 123-126.

Rajashekaran, L. R., Shanmugavelu, K. G. e Nagaraja, N. S., 1985, New varieties of horticultural crops released by Tamil Nadu Agric. Univ., Coimbatore. *South Indian Hort.*, **33**: 70-71.

*Rajivkumar, Yadav, D. S. and Roy, A. R., 2007, Performance of chrysanthemum (*Dendrathema grandiflora* Tzvelcv.) cultivars under subtropical mid hills altitude of Meghalaya. *Environ. Ecol.,* **255**(Special 34): 941-944.

Sankari, A., Nagalakshmi, S., Renuka, M. e Lakshamanan, V., 2010, Performance of gerbera varieties under Yercaud conditions. *Resumo publicado no simpósio nacional sobre floricultura de estilo de vida: desafios e oportunidades realizado na Universidade de Horticultura e Silvicultura Dr. Y.S. Paramar, Nauni, Solan.* pp: 18.

Shruti, W., Golliwar, V. J., Shital, D, Manjusha, A. e Nisha, B., 2004, Performance of gerbera varieties under shadenet. *J. Soils Crops,* **14**(2): 383-387.

Srinivasulu, G. B., Kulkarni, B. S., Reddy, B. S. e Adiga, J. D., 2004, Yield and quality parameters as influenced by seasons and genotypes in China aster. *J. Orn. Hort.*, **7**(3-4): 122-124.

Syamal, M. M. and Kumar, A., 2002, Genetic variability and correlation studies in dahlia. *J. Orn. Hort.*, New Series, **5**(1): 40-42.

Wilfret, G. J., 1985, Evaluation of chrysanthemum cultivars grown as centre disbudded plants in containers. *Proc. Of Florida State Hort. Soc.*, **98** :124-127.

Zosiamliana, J. H., Reddy G. S. N. e Rymbai, H., 2012, Características de crescimento, floração e rendimento de algumas cultivares de áster da China (*Callistephus chinensis* Nees.). *J. Nat. Prod.Plant Resour.*, **2**(2): 302-305.

*Os originais não são vistos.

Printed by Books on Demand GmbH, Norderstedt / Germany